# BEI GRIN MACHT SICH IHR WISSEN BEZAHLT

- Wir veröffentlichen Ihre Hausarbeit,
  Bachelor- und Masterarbeit

- Ihr eigenes eBook und Buch -
  weltweit in allen wichtigen Shops

- Verdienen Sie an jedem Verkauf

Jetzt bei www.GRIN.com hochladen
und kostenlos publizieren

# Die Risiken von Dürre und Hochwasser und die Vorstellung eines partizipativen Prozesses zum Hochwassermanagement

Philippe Frey

**Bibliografische Information der Deutschen Nationalbibliothek:**

Die Deutsche Nationalbibliothek verzeichnet diese Publikation in der Deutschen Nationalbibliografie; detaillierte bibliografische Daten sind im Internet über http://dnb.d-nb.de abrufbar.

ISBN: 9783346870209
Dieses Buch ist auch als E-Book erhältlich.


© GRIN Publishing GmbH
Trappentreustraße 1
80339 München




Druck und Bindung: Books on Demand GmbH, Norderstedt Germany
Gedruckt auf säurefreiem Papier aus verantwortungsvollen Quellen




Das Buch bei GRIN: https://www.grin.com/document/1356145

Goethe-Universität, Frankfurt am Main
Fachbereich 03, Gesellschaftswissenschaften
Wintersemester 2020/21
Lehrveranstaltung: Hydrologische Problemstellungen und ihre Risiken im Klimawandel


# Individuelle Ausarbeitung:


*Eine Risikocharakterisierung mit Hilfe der Komponenten Gefahr, Exposition und Vulnerabilität (Fallbeispiele) und die Vorstellung eines Partizipativen Prozesses*



Verfasser:                  Philippe Frey
Studiengang:                Politikwissenschaften
Datum der Abgabe:           25.03.2021



Frankfurt am Main, dem 19.02.2021

**Inhaltsverzeichnis**:

# 1. Dürre & Hochwasser: Begriffsdefinition und Charakterisierung von Risiken anhand ausgewählter Fallbeispiele

## 1.1 Definition Dürre:

Der Begriff Dürre beschreibt eine Anomalie, welcher, im Vergleich zum Normalzustand, eine deutlich trockenere Beschaffenheit zu Grunde liegt. Einfach erklärt, lässt sich diese Begrifflichkeit wohl als eine Periode mit weniger Wasser als normalerweise verstehen. Im Zuge des Seminars „Hydrologische Extremereignisse" lernten die Studierenden, dass eine Dürre dann herrscht, wenn weniger Wasser fällt, gespeichert wird oder fließt, als ein definierter Schwellwert vorgibt. Dieser Schwellwert wird häufig pro Kalendermonat definiert, da Menschen und Ökosysteme an saisonale Schwankungen gewohnt sind. Dürren spielen weiterhin eine wichtige Rolle für das Überleben vieler Flussorganismen. Grundsätzlich ist der Dürreprozess schwieriger zu untersuchen als das Phänomen eines Hochwassers. Das liegt unter anderem auch an der zeitlichen Aggregierung. Ganz anders als bei Hochwasser spielt der zu betrachtende Zeitraum hier eine enorm wichtige Rolle. Spricht man von Dürreindikatoren sind Timing, Schwere, Ort und Dauer von großer Bedeutung.

Es gilt weiterhin zu erwähnen, dass verschiedene Arten von Dürren existieren. Hierunter zählt man beispielsweise die meteorologische Dürre, welche durch einen Niederschlagsmangel definiert wird. Des Weiteren gibt es hydrologische Dürren, welche sich auf einen reduzierten Wasserstand in Flüssen, Grundwasser und Boden beziehen. Sie können ebenfalls auf einen Niederschlagsmangel zurückgeführt werden. Hinzukommend gibt es unter anderen auch die landwirtschaftliche Dürre, die den Bodenfeuchtigkeitsdürren zuzuordnen ist, sowie die sozioökonomische Dürre.

Da der Klimawandel als ein zentraler Bestandteil unseres Seminars bezeichnet werden kann, ist es wichtig zu erwähnen, dass sich dadurch sowohl Dürren als auch Hochwasser hinsichtlich ihrer Erscheinungsmerkmale verändern werden. Aufgrund des anthropogenen Klimawandels gehen Forscher des Intergovernmental Panel on Climate Change (IPCC), eine Institution der Vereinten Nationen, davon aus, dass beispielsweise Hochwassergefahren in Süd-, Südost- & Nordostasien sowie im tropischen Afrika und Südamerika zunehmen werden. Auch die Häufigkeit von meteorologischen und landwirtschaftlichen Dürren in derzeit trockenen Regionen wird bis zum Ende des Jahrhunderts prognostiziert (Doell et al. 2014: 4-13)
Die Analyse des Dürrerisikos wird im Folgenden, anhand zwei verschiedener Beispiele, als Konzept mit den Komponenten Exposition, Vulnerabilität und Gefahr vorgestellt werden.

Um die Risiken des Ereignisses charakterisieren zu können werden die Komponenten Gefahr, Exposition und Vulnerabilität herangezogen. Um dem Leser zu einem einsichtigeren Durchblick verhelfen zu können, möchte ich vorerst die nach dem IPCC gültigen Definitionen dieser Schlüsselbegriffe vorstellen:

Gefahr (hazard):
"possible, future occurrence of natural or human-induced physical events that may have adverse effects on vulnerable and exposed elements" (IPCC: 2012)

Exposition (exposure):
"inventory of elements in an area in which hazard events may occur" (IPCC: 2012)

Vulnerabilität (vulnerability):
"propensity of exposed elements such as human beings, their livelihoods, and assets to suffer adverse effects when impacted by hazard events" (IPCC: 2012)

## 1.2 Dürre in Süd-Madagaskar & Europa: Charakterisierung von Risiko

Die herrschende Dürre im Süden Madagaskars lässt sich auf ein ausgeprägtes Niederschlagsdefizit zurückführen. Erinnern wir uns an einen vorherigen Absatz, können wir diese Dürre kategorisch den meteorologischen Dürren zuordnen. Durch die extreme Saisonalität von Niederschlägen ist Süd-Madagaskar regelmäßig Dürren, aber auch Hochwasser und Überschwemmungen ausgesetzt. Die aktuelle Trockenperiode wurde als eine der schwersten seit 25 Jahren identifiziert.
Es wurden unterschiedliche Methoden verwendet, um diese Dürre überwachen zu können. Hierzu zählt auch die Herangehensweise mit dem Standardized Precipitation Index (SPI). Dieser analysiert die Niederschlagszahlen und zeigt Zeitreihen, welche erklären sollen, wie sich die meteorologische Dürre im Laufe der Zeit entwickelt hat. Je niedriger der SPI, desto intensiver die Dürre (Masante et al. 2021: 3).

Die gewöhnliche Regenzeit findet zwischen Dezember und März statt und macht über 70% des Jahresniederschlags in Zentral- und Südmadagaskar aus. Im Vergleich hierzu konzentriert sich die Phase der Trockenzeit auf die Monate Mai bis Oktober. Man stellte fest, dass der erste Teil der Regenzeit 2020/21 sehr mager ausfiel. Sowohl der November als auch der Dezember verzeichneten weniger als die Hälfte der erwarteten Niederschläge. Die Gefahr hierbei liegt also im meteorologischen Dürreereignis per se.
Laut IPCC setzt Exposition Präsens von Menschen, Ökosystemen oder Gütern voraus. Die Gefahr kann diese negativ betreffen. Als wichtiger Indikator im vorliegenden Fallbeispiel lässt sich die Bodenfeuchtigkeit aufgreifen. Im März 2020 wurden trockene Bodenbedingungen festgestellt, wodurch die Anomalie abgenommen hat. Dies sei allerdings auch der normalen Trockenheit des Bodens zwischen Juli und Oktober 2020 geschuldet. Weiterhin stieß man im November desselben Jahres auf ein erneut weit verbreitetes Bodenfeuchtigkeitsdefizit. Ab Januar wies nur noch der Süden Madagaskars eine Anomalie auf. Allerdings geht man davon aus, dass das Defizit wahrscheinlich bis zur nächsten Regenzeit 2021 gezogen wird, da der durchschnittliche Niederschlag im Süden, den schlechten Beginn der Regenzeit nicht kompensieren kann. Das ist ein enormes Problem, da die ländliche Bevölkerung auf Subsistenzwirtschaft und versorgte Pflanzen angewiesen sind. Es herrscht eine Gefährdung der ländlichen Gemeinden im Süden durch Ernährungsunsicherheit. Das behindert sogar das Pflanzenwachstum und bedroht die Wasserversorgung für einen Großteil des Jahres 2021. Ein wichtiger Indikator hierbei ist auch der Risk of Drought impact for agriculture (RDrl-Agri), der das Risiko des Auftretens von Dürreeinflüssen unter Berücksichtigung der landwirtschaftlichen Auswirkungen zeigt. Dadurch konnte ermittelt werden, dass trockenes Wetter und vorherrschenden Bodenbedingungen Ende Dezember 2020 zu einem hohen Risiko schwerer Auswirkungen im Süden Madagaskars führten (Masante et al. 2021: 1).
Die Vulnerabilität, also die Verwundbarkeit, zeigt sich in diesem Beispiel deutlich. Mehr als 200.000 Menschen befinden sich aktuell in Not, mehr als 800.000 Menschen in einer Krise. Durch die Abhängigkeit der Subsistenzwirtschaft und die Gefährdung der Wasserversorgung besteht die Verwundbarkeit vor allem in den gefährdeten Lebensgrundlagen vieler Menschen. Während der Zeit von Januar bis April 2021 wird erwartet, dass sich die Situation weiterer 1,3 Millionen Menschen verschlechtert. Hinzu kommen auch wirtschaftliche Auswirkungen der COVID-19 Pandemie und die langanhaltende Dürre im Erntejahr 2019/20, welche die Verfügbarkeit und den Zugang zu Nahrungsmitteln erheblich beeinträchtigten. Eine zunehmend akute Unterernährung wird befürchtet, da auch ein schlechter Zugang zu sauberem Trinkwasser und sanitären Einrichtungen besteht. Die Sterblichkeitsrate für bestimmte Gebiete wie zum Beispiel Amboasory Atsimo oder Ambovombe erreichte bereits das Notfallstadium. Fakt ist also, wenn die Dürre weiterhin das landwirtschaftliche Geschehen und die damit einhergehende Subsistenzwirtschaft lahmlegt, wird der prozentuale Anteil von Ernährungsunsicherheiten weiter steigen. Abgesehen davon, dass Menschenleben gefährdet werden, entsteht auch eine Fluchtbewegung im Landesinneren (IPC 2020: 1ff.).
Um erklären zu können welche Auswirkungen eine Komponente hat, wenn man diese verändert, möchte ich folgendes Szenario durchdenken. Da wir uns auf dem afrikanischen Kontinent bewegen, sind regenarme Perioden nichts außergewöhnliches. Stellt man sich also vor es hätte gerade genug geregnet, dass das Bodenfeuchtigkeitsdefizit weiter abgenommen hätte, dann wären weiterhin Felder bewirtschaftet und Landwirtschaft betrieben worden. Ernährungsunsicherheit sowie existenzielle Problemfelder, die Menschen zur Flucht im Land bewegen, hätten vermieden werden können. Aktuell wird jedoch dringend multisektorale humanitäre Hilfe benötigt, um Leben und auch Lebensgrundlagen retten zu können.

Als nächstes Beispiel habe ich mich für ein Dürreereignis entschieden, welches wir alle, ob wissentlich oder nicht, mitbekommen haben. Es handelt sich um die Sommerdürre des vergangenen Jahres 2020 in Europa. Auffallend waren die trockenen Bedingungen in Mitteleuropa, sowie der Trockenfrühling 2020 der auch westliche Teile Europas miteinbezog. Dementsprechend viel der Juli in Frankreich, Belgien und Süddeutschland deutlich trockener aus als gewöhnlich. Der Gesamtniederschlag im Frühjahr forderte ein Niederschlags- und Bodenfeuchtigkeitsdefizit, welche sich hauptsächlich über Nordostfrankreich und Norddeutschland bemerkbar machten. Der Winter des Jahres 2019/20 war erwartungsgemäß nass, jedoch wurde ab März und vor allem im Juli ein geringerer Niederschlag protokolliert. Trotz des darauffolgenden herkömmlichen Sommerniederschlag, behielten die Niederlande sowie Nord- & Westdeutschland die Defizite bei. In Irland und Großbritannien wurden diese Defizite dadurch ausgeglichen, während sich auch Osteuropa und Norditalien erholten. Mitteleuropa war bereits 2018 & 2019 Dürreperioden ausgesetzt, welche zu schweren Ernteschäden führten und Einschränkungen der Wasserversorgung zur Folge hatten.

Die Gefahr dieses Ereignisses liegt erneut in der jeweiligen Dürre. Auf das Niederschlagsdefizit im Frühjahr 2020 folgten gebietsweise Dürren unterschiedlicher Arten. Je nachdem was wir uns anschauen, ändern sich die Rahmenbedingungen: Beispielsweise fand eine hydrologische Dürre statt, welche mit Hilfe des Low Flow Index definiert werden konnte. Dieser spiegelt das gesamte Wasserdefizit des Abflusses wider, sobald ein Mindestschwellenwert unterschritten wird. In diesem Beispiel waren vor allem die Flüsse Seine und Maas einer solchen Dürre ausgesetzt (Masante et al. 2020: 6).
Angekommen an der Expositionskomponente, möchte ich das Augenmerk jedoch auf die Temperatur legen. Eine Hitzewelle in der ersten Augusthälfte betraf Belgien, die Niederlande sowie große Teile Deutschlands, Südenglands und Frankreichs. Aufgrund hoher Temperaturen erhöht sich die Verdunstungsrate des Wassers aus dem Boden. Dies lässt den Wasserbedarf für den Verbrauch in die Höhe schießen. Somit kommt es zu Problemen mit der Wasserversorgung, die sowohl für den Verbrauch als auch für die industrielle Kühlung als immens und enorm beschrieben werden können. Auf diese Weise wird auch die Schwere der Dürre signifikant beeinflusst, auch wenn keine erwähnenswerten Niederschlagsdefizite zu verzeichnen sind. Der europäische Sommer 2020 war im Allgemeinen zwar wärmer als der Durchschnitt, allerdings war er im Vergleich zu den letzten Jahren nicht erstaunlich (Masante et al. 2020: 4).
Was die Vulnerabilität betrifft, können wir Folgendes festhalten. Der Wasserversorgungsproblematik war vor allem Frankreich ausgesetzt. Im Norden und Zentrum des Landes waren diese Sorgen weit verbreitet. Frankreich war von starken Hitzewellen betroffen. Der nationale Wetterdienst, Meteo-France, sprach deshalb für 61 der insgesamt 96 Festlandabteilungen Warnungen aufgrund der Wasserkrise aus. Daraufhin haben einige Gebiete Wasserrestriktionen eingeführt. Landwirte sollten die Bewässerung reduzieren, Individuen durften Wasser nur aus wesentlichen Gründen verwenden und mussten bis auf weiteres auf beispielsweise Autowäschen verzichten. Aufgrund der trockenen Bedingungen, ausgelöst durch Hitzewellen und die anhaltenden hohen Temperaturen, sind auch diverse Wälder von den Auswirkungen der Dürre betroffen. Ohnehin waren viele Bereiche des Agrarsektors miteingeschlossen. Hierzu lassen sich Vegetationsdefizite aufzeigen. In bestimmten Regionen, wie zum Beispiel Mittel-/Westdeutschland oder Frankreich, fanden Ertragsreduzierungen für jegliche Sommerfrüchte statt, was wiederum den ansässigen Bauern*innen erheblich schadete (Masante et al. 2020: 8 f.). Um verdeutlichen zu können von welch trockenen Bedingungen wir sprechen, habe ich folgendes, vergleichende Schaubild miteinfließen lassen. Es zeigt zudem auch Werte, die den Klimawandel nicht bestreiten lassen:

*

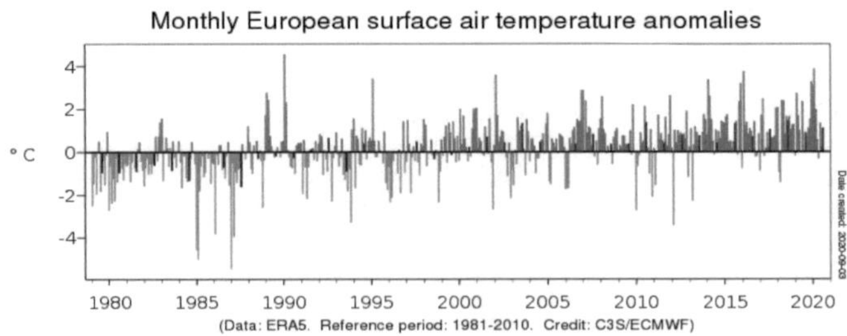

Auch hier verändert sich das Charakterisierte Risiko mit veränderten Komponenten. Gesetz des Falles es hätte beträchtlich mehr Niederschlag in den Sommermonaten verzeichnet werden können, wäre die Wasserversorgung nicht auf diese Weise belastet worden. Somit könnten Beschäftigte der Landwirtschaft weiterhin ihre Felder ordnungsgemäß bewirtschaften und auch Maßnahmen wie Wasserrestriktionen wären in einem weniger wehtuenden Ausmaß erhoben worden. Dadurch würde auch die Vulnerabilität erheblich zurückgehen. Gehen wir aber davon aus, dass die zuvor erwähnt hydrologische Dürre mehr Flussniveaus beeinträchtigt hätte, würde unser Maß an Verwundbarkeit erheblich ansteigen und zu weitreichenderen Konsequenzen in verschiedenen Bereichen führen.


## 1.3 Definition Hochwasser:

Im nächsten Schritt wird der Begriff Hochwasser definiert werden. In Verbindung mit Dürre sind diese zwei Phänomene im oberen Ranking der teuersten Naturkatastrophen. Hochwasser entstehen unter anderem in Folge von Schneeschmelzen oder intensiven und langanhaltenden Niederschlägen, welche rasch in das Gewässer befördert werden und so zum Abfluss kommen. Hochwasser gelten als natürlicher Bestanteil des Wasserkreislaufes und lassen sich nicht vermeiden. Die einfachste und verständlichste Definition zur Hochwasserbegrifflichkeit liefert womöglich das Deutsche Institut für Normung (DIN), welches Hochwasser als einen „Zustand in einem oberirdischen Gewässer, bei dem der Wasserstand oder der Durchfluss einen bestimmten Schwellenwert erreicht oder überschritten hat" bezeichnet (Hochwasserportal Hessen: 2013). Weiterhin verweist das Hochwasserportal für die Region Hessen auf die Richtlinien der Europäischen Union, welche Hochwasser als zeitlich begrenzte Überschwemmung eines Landes sieht, welches in der Regel nicht von Wasser bezogen wird.
Von Überschwemmungen geht ein katastrophales Potenzial aus. Die Auswirkungen werden jedoch stark von den Eigenschaften des jeweiligen Hochwassers beeinflusst. Weiterhin hängt das Ausmaß der Folgen auch von der Art des betroffenen Gebiets ab. Bodenarten und Landnutzung beeinflussen zu einem erheblichen Teil die Abflussbildung. Das hessische Hochwasserportal führt weiter aus, dass Gebietsform, Hangneigung und Oberflächenstruktur den Fließvorgang des Niederschlags bis zu den Gewässern steuern. Hochwasser müssen aber nicht zwingend schlecht sein, denn sie können auch erheblich zur Beibehaltung des vorherrschenden Biotops beitragen.


## 1.4 Hochwasser in Kerala & Hessen: Charakterisierung von Risiko

Der Bundesstaat Kerala im südwestlichen Indien ist mit etwa 33,4 Millionen Einwohnern der am dichtesten besiedelte des Landes. Aufgrund von signifikanten Forschungsfortschritten und des wirtschaftlichen Wachstums, ist Kerala der am stärksten entwickelte Staat Indiens. Allerdings bezieht sich unsere Untersuchung auf das Hochwasserereignis im August des Jahres 2018, welches zu schweren Überschwemmungen führte. Der finanzielle Schaden beläuft sich auf über drei Milliarden US-Dollar.
Das vorherrschende Klima in Kerala wird von Monsunen dominiert, weshalb die noch dazu kommenden Regenfälle die Auswirkungen beeinflussten. Der mittlere Durchfluss in täglichen Abflussreihen befindet sich bei etwa 2,71-238,39 m3/s. Während eines Hochwasserereignisses erhöht sich dieser fulminant auf 25,71-2055,79 m3/s (Drissia et al. 2019: 4).

Laut dem IPCC kann Gefahr als ein physisches Ereignis betrachtet werden, was negative Folgen mit sich bringen kann. Im vorliegenden Fall lässt dieses sich darauf zurückführen, dass es zu intensiven Niederschlägen kam, welche zu einem erhöhten Wasserstand führten und schließlich schwere Überschwemmungen zur Folge hatten. Die Gefahr liegt also in der Entstehung des Hochwassers. Infolgedessen entstanden unterschiedliche Katastrophen. Hierzu zählen auch die 440 Todesopfer der verheerenden Überschwemmungen sowie die Umsiedlung von mehr als einer Million betroffener, ansässiger Menschen, was sich nachteilig auf sowohl wirtschaftliche als auch politische Aspekte auswirkte. Weiterhin gelten Infrastruktur und dichte Wohngebiete teilweise als völlig zerstört. Aus eben diesen Gründen ist eine regelmäßige Analyse und wissenschaftliche Begutachtung von größter Notwendigkeit (Anandalekshmi et al. 2019: 1283ff.).
Um die Exposition verständlich zu beschreiben, halten wir uns erneut an einen Indikator, der zu

landwirtschaftlichen Ackerflächen Bezug nimmt. Diese sind vom Hochwasser stark betroffen und haben zur Folge, dass Ackerflächen für einen langen Zeitraum unbrauchbar gemacht wurden. Betroffene Flächen wurden durch die Überschwemmungen in einen unfruchtbaren Zustand erodiert. Vegetation, Saat und Oberboden wurden teilweise abgetragen, was ein besonders großes Problem für Bauern und Landwirte darstellte, da etwa die Hälfte aller Einwohner Keralas vom Einkommen des Agrarsektors abhängig sind (Chinnasamy et al. 2020: 1386).

Die Vulnerabilität lässt sich in diesem Fallbeispiel wie folgt verstehen. Wir gehen von einer erhöhten Vulnerabilität aus, da das Hochwasser sowohl Todesopfer forderte als auch Landwirtschaft und Umwelt zerstörte. Hier wird nichts anderes beschrieben als das Maß an Verwundbarkeit. So ist ein Gebiet höher vulnerabel, wenn dort mehr Menschen leben, eine funktionierende Infrastruktur vorhanden ist und/oder belebte Ökosysteme existieren. In Kerala waren Gewässer und Wälder am wenigsten betroffen. Der Anteil von Überflutungen in Siedlungsgebieten lag allerdings bei erschreckenden 21,5% (Lal et al. 2020: 443)

Das charakterisierte Risiko verändert sich, durch unterschiedliche Stärken der drei Komponenten.

Gehen wir davon aus, dass im betroffenen Gebiet wenige oder sogar gar keine Menschen gelebt hätten. Dann wären die Auswirkungen des Hochwassers um ein Vielfaches gesunken, da keine Todesopfer zu befürchten wären. Weiterhin veränderte sich die Vulnerabilität, da die Verwundbarkeit zwingendermaßen höher ist, wenn Menschenleben in Gefahr sind.

Als zweites Beispiel habe ich mich für das Hochwasserereignis in Deutschland (Hessen) im vergangenen Jahr 2020 entschieden. Auch hier soll das Risiko anhand oben erwähnter Komponenten festgemacht werden. Der betroffene Zeitraum beginnt Ende Januar und endete Mitte März. Das Hochwasser entstand hier aus einem aus dem Westen kommenden Tiefdruckgebiet, welches intensive Regenfälle nach Hessen brachte. Oberflächengewässer erfuhren eine erhebliche Wasserzunahme, was ansteigende Wasserstände zur Folge hatte. Weiterhin wurden Hochwassermeldestufen überschritten.

Durch die lange Dauer der Regenzeit verzeichneten Forscher im Februar 2020 einen Mittelwert von 124mm Niederschlag. Das entspricht mehr als doppelt so viel, wie der eigentliche Referenzwert von 57mm in den Jahren 1981-2010. Hieraus entstand also die Gefahr eines weiteren Hochwasserereignisses.

Anders als in Indien besitzt die Bundesrepublik Deutschland ein sogenanntes Wasserhaushaltsgesetzt, welches vorsieht Hochwasserrisikokarten nach EU-Richtlinien für alle betroffenen Gebiete zu erstellen. Weiterhin existieren, oben bereits erwähnte, Hochwassermeldestufen, welche für einzelne Warnpegel festgelegt wurden. Sie sind nach den entsprechenden Auswirkungen des Wasserstandes auf ihr Umfeld definiert und beeinflussen, je nach Stufe, das weitere Vorgehen. Die Exposition macht sich hier also durch den Indikator Sicherheit in Verbindung mit einem funktionierenden Management im Falle eines Notfalls erkenntlich. Während der Überschwemmungen in Hessen lagen die Werte zwei Mal im Bereich der Meldestufe III, was ein außergewöhnliches Hochwasser beschreibt. Verkehrsanbindungen mussten angepasst werden, bebaute Gebiete wurden überschwemmt, der Einsatz von Deich- und Wasserwehr war erforderlich (Löns-Hanna 2020: 5). Es existieren also etliche Schutzmaßnahmen und Notfallpläne wie auch Verhaltensweisen, die nicht nur von Experten, sondern auch von Bürgern einzusehen sind.

Auf diese Weise sinkt natürlich auch die Vulnerabilität. Durch ein funktionierendes Hochwassermanagement kann beispielsweise eine wahrhaftige Analyse und Prognose vergangener beziehungsweise künftiger Ereignisse garantiert werden und die rechtzeitige Evakuierung im Ernstfall lückenlos erfolgen. Weiterhin fanden Studierende der AG3 heraus, dass das genaue Maß an Verwundbarkeit gegenüber dem Hochwasser anhand des Social and Infrastructure Flood Vulnerability Index gemessen wird (vgl. Gruppenreferat AG3: 13). Auch hier kann sich das Risiko durch unterschiedliche Stärken der genannten Komponenten verändern. Im Vergleich zum Hochwasserereignis in Kerala fällt einem sofort die organisierte Vorsorge ins Auge. Ohne diese wäre der Indikator Sicherheit nicht mehr gegeben. Bürger könnten sich beispielsweise nichtmehr mit Hilfe von Liveinformationen informieren. Je weiter man dieses Gedankenspiel führt, desto höher steigt die Vulnerabilität. Somit steigt auch das Schadenspotenzial und man kann von exorbitanten Auswirkungen ausgehen. Fallen beispielsweise regelmäßige Analysen und wissenschaftliche Forschungsstände weg, können keine Prognosen mehr gegeben werden, was Konsequenzen für den gesamten Prozess sein können.

## 2. Design eines PP zum Hochwassermanagement

### 2.1 Beschreibung des PP meiner Arbeitsgruppe (AG) mit Darstellung des untersuchten Hochwasserrisikos

Zu Beginn dieser Sequenz möchte ich dem Leser vorerst in knappen Worten klarmachen, weshalb wir Partizipative Prozesse (PP) brauchen. Durch den iterativen Charakter solcher Prozesse wird ein transdisziplinärer Forschungsansatz verfolgt, der mit Hilfe einer breiten Beteiligung verschiedener Stakeholder (= Beteiligte) zu einer besseren Realisierung entwickelter Handlungsstrategien, und so zu einem verbesserten und nachhaltigeren Management, führen soll. Zentral hierbei ist die Berücksichtigung verschiedener Expertisen unterschiedlicher Fachbereiche. Eine Vielzahl von Beteiligten soll zu einem Ergebnis gelangen, welches die unterschiedlichen disziplinären Wissensbereiche miteinander verknüpft, um so die beste Lösung für das jeweilige Problemfeld herausarbeiten zu können.

Der PP, der sich auf das Hochwassermanagement in Kerala bezieht, beginnt in der Problemstellung. Wie bereits angesprochen wurde im August 2018 eine Hochwasserflut in Folge der Starkregenereignisse ausgelöst, welche sowohl Menschen wie auch Ökosystem und Infrastruktur im Bundesstaat Kerala schadete. Um also auf künftige Hochwasserereignisse vorbereitet zu sein, schlug unsere AG einen PP vor in dem Handlungsempfehlungen für unterschiedliche Problemfelder erarbeitet werden sollen. Hierzu zählten wir sowohl Staudämme, das Katastrophenmanagement, Bereiche der Daseinsgrundfunktionen, landwirtschaftliche Nutzungskonzepte und Ökosysteme. Die jeweiligen Fachbereiche, auf die ich noch genauer eingehen werde, wurden in Workshops aufgeteilt, was wir als „workshopspezifische Problemanalyse" bezeichneten. Ihnen wurden nach Relevanz sortierte Stakeholder zugewiesen, die sich, in der Theorie, an einen von uns erstellten Zeitplan zu halten haben, um so zu einer workshopübergreifenden Sitzung zu gelangen, welche die Entwicklung einer Risikomanagementstrategie, als Resultat tragen soll.

Wir wissen bisher, warum wir einen PP brauchen und wie dieser zu erheblichen Verbesserungen führen kann. Phänomene wie Dürren und Hochwasser wurden erläutert und definiert. Was aber noch nicht klar ist: Warum haben wir uns für obige Problemfelder entschieden und was stellen diese für ein Risiko in Bezug auf Hochwasser dar?

Dämme und Rückhaltebecken, in denen Wasser gespeichert und/oder Deiche und Hochwasserwände gebaut werden, haben das Ziel Hochwasser zu begrenzen. Durch unsere Risikoanalyse stießen wir auf die Tatsache, dass in Kerala zwar viele Stauanlagen vorzufinden sind, diese jedoch zahlreiche Defekte und Inkorrektheiten aufweisen. Beispielsweise verschlechtern sich Dämme zunehmend durch ihre physische Alterung und die unzureichende Wartung. Die meisten Staudämme in Kerala seien wohl älter als fünfzig Jahre (vgl. International Dam Safety Conference, 2018: Abstract). Hinzu kommen nicht ordnungsgemäß funktionierende Überwachungsinstrumente sowie kein spezielles Personal. Weiterhin gilt zu beachten, dass, aufgrund des enormen Bevölkerungswachstum in Indien, Menschen immer häufiger an trockene oder hochwassergefährdete Gebiete ziehen, was den Bedarf an Dämmen erhöht und diverse Sicherheitssorgen aufweist. Um diese Defizite reduzieren zu können, sind Zustandsbewertung und eine regelmäßig leistungsbasierte Wartung von Dämmen erforderlich. Zentral hierbei ist vor allem die Identifizierung von Verantwortlichen. Infolgedessen soll eine bessere Kommunikation dieser Personen generiert werden, um den Austausch von Informationen sicherstellen zu können. In unserer Stakeholder-Analyse sollen sich also Betreiber der Staudämme zusammen mit Forschern des India Meteorological Department Kerala Water Authority und der Modellierungsfirma „mottmac" beraten, um ein nachhaltiges Managementkonzept zu erarbeiten. Diese Parteien sind für die genannte Zielsetzung am relevantesten, was die Teilhabe anderer wichtiger Institutionen und Menschen aber nicht ausschließt und somit nur den Grundstein für eine Verbesserung liefert. Die Rede ist von sogenannten „Key-Stakeholdern", welche in den folgenden Bereichen ebenfalls aufgeführt werden.

Im weiteren Verlauf haben wir auch das Katastrophenmanagement vor Ort genauer unter die Lupe genommen. Das Kerala State Disaster Management Authority (KSDMA) soll durch den PP eine verbesserte Absprache und Koordinierung vorweisen können. Um dies garantieren zu können müssen die aktuellen Verhältnisse umgehend einer Analyse unterzogen werden, sodass Problemfelder genau identifiziert werden können.
Durch unsere Recherche konnten wir erfahren, dass das KSDMA stark unter dem desorganisierten Wachstum der Städte leidet. Da in Kerala keine raumbezogene Stadtplanung betrieben wird, führt der indische

Bevölkerungsboom zu einem ungebremsten „Chaoswachstum". Dies hat zur Folge, dass im Falle eines Hochwassers nicht nur ein Bereich völlig, sondern viele Bereiche teilweise zerstört werden können. Es herrscht keine clevere Aufteilung der verschiedenen städtischen Sektoren, die im besten Fall an vorherrschende Standortfaktoren angepasst werden sollen. Somit lassen sich viele Konzepte des KSDMA für hinfällig erklären. Auch ein möglicher Evakuierungsprozess muss vom Katastrophenmanagement eingeleitet und durchgeführt werden, was in Kerala jedoch nur in Ausnahmefällen reibungslos funktioniert. Der unstrukturierte Charakter dieser Gegebenheit führt zu einer übermäßigen Überforderung im Ernstfall, verstärkt somit das Risiko und lässt das Schadenspotenzial weiter in die Höhe schießen. Erforderliche Stakeholder in eben diesem Areal sind, außer dem KSDMA an erster Stelle, das Department of Electronics and Information Technology sowie das Information and Public Relations Department.

Weiterhin sollte das Wohl der Bürger*innen im Mittelpunkt stehen, weshalb wir Bereiche der Daseinsgrundfunktionen in unseren Prozess miteinbrachten. Hierbei handelt es sich um die Felder „Wohnen", „Arbeiten" und „sich versorgen". Um diese schützen zu können soll eine Strategie zur Gefahrensensibilisierung erarbeitet werden. Hilfe zur Selbsthilfe ist hier das Stichwort. Ein wichtiges Argument hierfür liegt in der Tatsache, dass das Hochwassermanagement im Katastrophenfall nicht ausreichend Schutz für die Bürger*innen bietet. Diese müssen sich oft selbständig, sei es unter Freunden oder Nachbarn, helfen, um ihr Überleben sichern zu können. Das Risiko steigt, da Menschenleben durch Überschwemmungen gefährdet werden. Weiterhin wohnen etliche Bürger*innen in Flussnähe, was deren Verwundbarkeit in Bezug auf das Hochwasser erheblich anhebt. Da der Prozess zur Verbesserung dieses Managements peu à peu stattfinden wird und damit als schrittweise Entwicklung betrachtet werden kann, haben wir uns überlegt den Betroffenen vor Ort schnellere Hilfestellungen zu liefern. Um identifizieren zu können, welche Bereiche am dringendsten reformiert werden müssen, starten wir hierzu eine stichprobenartige Befragung der Bürger. Um die beschriebene Problematik sinnvoll angehen zu können, brauchen wir auch hier eine Liste relevanter Stakeholder. An ihrer Spitze steht die Behörde des Kerala State Housing Board (HSAB). Darunter sind das Civil Supplies Department und das Department of Industries and Commerce zu finden.

Im nächsten Workshop soll eine Gefahrenanalyse bestehender Nutzungskonzepte im Agrarsektor stattfinden. Das zentrale Ziel hierbei ist die Entwicklung resilienter Konzepte durch Handlungsempfehlungen. Die landwirtschaftlichen Flächen vor Ort sind dem Hochwasser oft chancenlos ausgesetzt, was immense Auswirkungen auf die Beschäftigten dieses Sektors hat. Wie oben bereits kurz angeschnitten sind 56% der Bevölkerung von der Landwirtschaft abhängig. Wenn diese also diversen Überschwemmungen unterliegt, Oberböden abgetragen werden und keine sinnreiche Vorsorge existiert, sind die Arbeitsplätze der Menschen vor Ort und deren Aussichten auf einen gesicherten Lebensunterhalt gefährdet. Um diesen Menschen helfen zu können, brauchen wir das Department of Planning and Economic Affairs. Weiterhin müssen die Vertreter dieser Einrichtung in den direkten Austausch mit Beschäftigten des Agriculture Development & Farmers Welfare treten. Einen großen Einfluss auf eine rasche und vielversprechende Veränderung hat in dieser Konstellation auch das Ministry of Micro, Small & Medium Enterprises-Development Institute (MSME).

Als letzten Bereich, der einer notwendigen Verbesserung bedarf, um das Risiko für Hochwasser zu reduzieren, wählten wir Ökosysteme. Wir nahmen insbesondere Bezug auf den Bergbau, die Waldwirtschaft und das Grünflächenmanagement. Auch hier muss das staatliche Ökosystemmanagement im ersten Schritt genau analysiert werden, denn das zu reduzierende Risiko hierbei liegt in der schlichten, destrukturierten Art und Weise der Benutzung. Wir glauben also, dass sich die Auswirkungen eines Hochwassers auf das Ökosystem verringern ließe, wenn intelligente Konzepte erstellt und sinnvolle Herangehensweisen erarbeitet werden. Vergleichbar mit unserem Ansatz zu den landwirtschaftlichen Nutzungskonzepten sollen Handlungsempfehlungen für ein nachhaltigeres Modell dieses Managements erarbeitet werden. Zu berücksichtigen sind erneut das DPEA sowie das Forest and Wildlife Department in Kerala. Da sich häufig helfende Hände in Nichtregierungsorganisationen (NGO′s) finden, sind auch diese in unseren Prozess miteingebunden. Im Fall von Kerala hört diese NGO auf den Namen Environment and Forest.

Zu guter Letzt möchten wir den Prozess mit Hilfe einer festigenden Schlusssitzung abschließen. Dies soll geschehen, da wir hier von einer transdisziplinären Wissensintegration sprechen und die ausgewählten Stakeholder auch ein Gefühl dafür entwickeln sollen, wie die Beteiligten anderer Workshops vorgehen. Weiterhin sind wir davon überzeugt, dass dieses letzte Zusammentreffen auch einen psychologischen Effekt auf die Mitwirkenden haben kann. Zudem soll eine Problemanalyse der Zusammenhänge zwischen den

Workshops erfolgen und eine logische Anordnung der Bereiche, sortiert nach zunehmender Dringlichkeit, also nach Relevanz, angefertigt werden.


## 2.2 Die Stakeholder-Analyse als partizipative Methode

Als geeignete partizipative Methode habe ich mich für die Stakeholder-Analyse entschieden. Während meiner Recherche bin ich auf unterschiedliche Möglichkeiten gestoßen eine solche Analyse zu erstellen. Bei der Vorstellung unseres Gruppenreferats habe ich mich an die Vorgehensweise von Reed et al. (2009) gehalten. Der Einfachheit halber und weil ich mich intensiv mit deren Methode beschäftigt habe, möchte ich diese Vorgehensweise auch hier beschreiben.

Unter einem Stakeholder versteht man nichts anderes als eine beteiligte Person. Sie soll Teil unseres PP werden und wird mindestens einem der Workshops zugeteilt. Als Beispiel hierfür eignen sich ausgewählte Wissenschaftler oder auch staatliche Behörden (vgl. 2.1). Ronald Coase definierte Stakeholder als Umweltverschmutzer und Opfer. Dies gilt wie folgt zu verstehen. Während die Betroffenen gleichzeitig auch Opfer sind, also Menschen die unter dem jeweiligen Phänomen leiden, unterscheidet man zwischen indirekten und direkten Betroffenen. Umweltverschmutzer sind in diesem Szenario Menschen, die Veränderungen beeinflussen können. Ändern sie ihr Verhalten gegenüber der Umwelt, verändern sich die Auswirkungen auf Betroffene.

Die Stakeholder-Analyse an sich ist ein Prozess, welcher Aspekte eines sozialen und natürlichen Phänomens definiert, das von einer Entscheidung, Handlung betroffen ist. Hierbei werden sowohl Einzelpersonen wie auch Gruppen und Organisationen identifiziert, die von diesen Teilen des Phänomens betroffen sind oder diese beeinflussen können. Diese Einzelpersonen, Gruppen beziehungsweise Organisationen werden für die Beteiligung am Entscheidungsprozess priorisiert. Das bedeutet man bringt dieses in eine nach Relevanz sortierte Reihenfolge, um so die Problemzonen gezielt und effektiv bearbeiten zu können. Unverzichtbare Teilhabende werden als Key-Stakeholder bezeichnet und spielen eine signifikante Rolle für die Umsetzung von Handlungsempfehlungen. Jedem dieser Stakeholder wird im Verlaufe des Prozesses eine Aufgabe zugeteilt werden, um seinen Teil für die Findung von Lösungsstrategien beizutragen. Stakeholder-Analysen werden heutzutage auch von NGO`s und politischen Entscheidungsträgern genutzt. Sie stellen eine Vielzahl von Kriterien bereit, die die Einbeziehung anderer Einzelpersonen und Gruppen rechtfertigen (Reed et al. 2009: 1934). In der Unternehmungsführung wuchs bereits die Einsicht, dass Stakeholder auch bedeutenden Einfluss auf den Erfolg einer Firma haben, was das beeindruckende Potenzial dieser Methode hervorhebt (Brugha & Varvasovsky, 2000: 239 ff.). Eine Stakeholder-Analyse unterstützt die transdisziplinäre Wissensintegration im jeweiligen Fachbereich erheblich.

Es soll also eine eben solche Analyse für die jeweiligen Bereiche erstellt werden. Hierzu muss zuerst geklärt werden, welche Stakeholder in welchen Bereichen wie viel Einfluss auf welches Phänomen ausüben können. Vereinfacht gesagt müssen Stakeholder gesucht und identifiziert werden, um sie daraufhin zusammen an einen Tisch zu setzen. Die ausgewählten Stakeholder sollen miteinander kommunizieren und in den Austausch gebracht werden, um so zu einer übergeordneten Zielsetzung zu gelangen. Es muss jedoch beachtet werden, dass jeder Stakeholder auf eine andere Weise Einfluss üben kann beziehungsweise beeinflusst werden kann. Um das besser verstehen zu können, möchte ich Bezug zum „rainbow diagram" nehmen. Laut Reed et al. (2009) wurde diese Methode von Chevalier und Buckles (2008) empfohlen, um Stakeholder nach dem Grad ihres Einflusses beziehungsweise ihrer Betroffenheit zu klassifizieren. Um dem Leser diese Vorgehensweise näher bringen zu können, möchte ich näher auf den Aufbau dieses Diagramms eingehen. Es unterteilt die Stakeholder in Einflussnehmende (Affecting) und Betroffene (Affected). Je nach dem was zutrifft, wird der Grad an Betroffenheit beziehungsweise Einflussnahme nach Schwere geordnet. Zur erleichterten Einsicht möchte ich dem Leser das blanke Modell dieses Diagramms vorstellen:

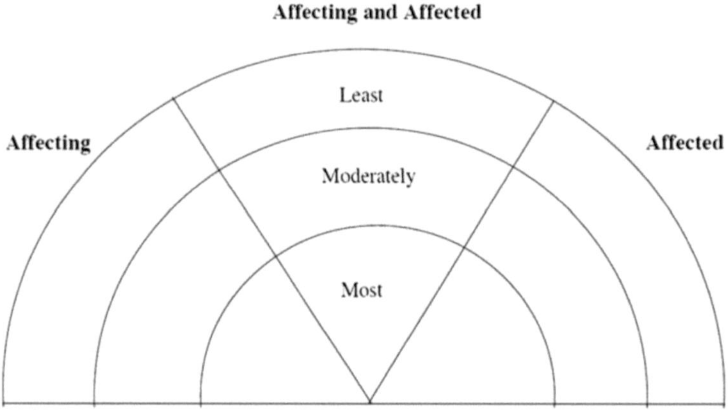

1*



**Fig. 2.** Rainbow diagram for classifying stakeholders according to the degree they can affect or be affected by a problem or action (from: Chevalier and Buckles, 2008).

In Zusammenhang mit unserem Workshop der Daseinsgrundfunktionen, also „Wohnen, Sich versorgen und Arbeiten", lässt sich eine solche Analyse wie folgt darstellen. Sprechen wir beispielsweise von ansässigen Bürgern in Kerala zum Zeitpunkt des Hochwasserereignisses 2018, werden diese unter dem Punkt „Most Affected" eingeordnet, da sie am meisten von Überschwemmungen betroffen sind. Weiterhin wären die jeweiligen Forscher etwa unter dem Punkt „Moderately Affecting" zu unterbringen, da sie durch ihre Expertisen wichtige wissenschaftliche Erkenntnisse liefern können, aber weniger Einfluss auf die Problemfelder ausüben können, als beispielsweise staatliche Behörden und Institute.

Legt man den Fokus auf unsere Auswahl an Problemfeldern doppeln sich einige Stakeholder in den verschiedenen Workshops. Das liegt daran, dass die Key-Stakeholder auch in anderen Bereichen Einfluss auf die Umsetzung haben. Wir haben Stakeholder aus unterschiedlichsten Nischen gewählt. Wir benötigen wissenschaftliche Expertisen aus unterschiedlichen Fachbereichen, die Bezug zu mehreren Problemfeldern nehmen können. Auch staatliche Behörden gehören zu den Prozessbeteiligten, wie zum Beispiel das KSDMA oder MSME. Sie spielen vor allem eine entscheidende Rolle in der Umsetzung von Handlungsempfehlungen, da sie als staatliche Institutionen einen immensen Grad an Einfluss und verfügbaren Ressourcen mitbringen. Für die Identifikation der verschiedenen Stakeholder und die darauffolgende Kontaktaufnahme mit eben diesen haben wir uns einen Zeitrahmen von etwa vier Wochen zum Ziel gesetzt.

Im weiteren Verlauf unseres PP sollen die ernannten Stakeholder interviewt werden. Eine weitere detaillierte Analyse soll Erfahrungen, Insiderwissen und Umsetzungsvorschläge der Teilnehmer kombinieren. So soll im Anschluss ein Wahrnehmungsgraph erstellt werden. Da wir von einer komplexen wissenschaftlichen Untersuchung sprechen, welche den transdisziplinären Charakter dieser Lehrveranstaltung verkörpert, halten wir sechs Wochen für diesen Abschnitt der Vorbereitungsphase für angemessen und ausreichend. Nach Ablauf dieser Zeit ist der zentrale Bestandteil dieser Phase abgeschlossen. Allerdings empfehlen wir das erneute Treffen aller zugehörigen Teilnehmer, um eine workshopübergreifende Zielsetzung des gesamten PP festzulegen. Dies soll noch vor der Hauptphase stattfinden und dem Kreis der Beteiligten den Sinn des Prozesses noch einmal verdeutlichen. Für die Planung und Konzeption unseres PP sind soeben beschriebene Schritte von größter Notwendigkeit. Sie garantieren eine geordnete und strukturierte Vorgehensweise im weiteren Verlauf.

## 2.3 Reflexion über interdisziplinare Kooperation im Seminar

Den Kontakt unterschiedlich denkender Menschen zueinander herzustellen, erweist sich meines Erachtens als clevere Forschungsmethode. So kann sichergestellt werden, dass möglichst viele Perspektiven des zu behandelten Fachbereiches berücksichtigt werden. Weiterhin empfinde ich eine Erarbeitung von Handlungsempfehlungen und Strategien deutlich sinnvoller, wenn mehrere Personen aus unterschiedlichen Segmenten ein gemeinsames Ziel verfolgen. Die Alternative läge beispielsweise in der Auffassung und Ausarbeitung eines einzelnen Forschers, bei dem darüber hinaus nicht auszuschließen ist, dass externe Faktoren diesen in seiner persönlichen Auffassung beeinflussten. Da wir alle, egal ob Forscher oder nicht, Menschen sind, ist es jedem von uns auch vergönnt mal Fehler zu begehen. Arbeitet man also mit anderen Wissenschaftlern zusammen, kann die theoretische Hürde, meiner Meinung nach, gezielter und simpler überwunden werden und die Integration anderer Fachdisziplinen schlussendlich zu einer erfolgreichen Praxisrealisierung führen.

Gerade in Bezug auf das vorliegende Themenfeld erscheint mir eine interdisziplinare Vorgehensweise notwendig. Um herausfinden zu können zu was Phänomene wie Hochwasser und Dürren in der Lage sind, brauchen wir die naturwissenschaftliche Seite der Forschung. Beispielsweise spielt die Beschaffenheit des Wassers eine immense Rolle und beeinflusst somit das gesamte Geschehen vor Ort. Auch die Erstellung von Analysen und Zukunftsprognosen bedarf die Fähigkeiten des Fachbereiches. Weiterhin gilt aber auch zu berücksichtigen, wie sich das Hochwasser beziehungsweise die Dürre auf die Bevölkerung vor Ort auswirkt. Um diese Problemzonen genau identifizieren zu können, sind sozialwissenschaftliche Kenntnisse von Nöten. In Kooperation mit sozioökonomischen Fakten können die beiden Disziplin nützliche Handlungsempfehlungen erschaffen.

In meinen Augen ist die Zusammenarbeit im Seminar extrem gut gelungen. Während der Recherche und Vorbereitung auf die Gruppenreferate der verschiedenen AG's, ist mir häufig klar geworden, warum beispielsweise ein PP nicht unter der Aufsicht von ausschließlich Naturwissenschaftlern oder Sozialwissenschaftlern funktionieren kann. Mit Hilfe unseres Austauschs konnten wir uns gegenseitig unterstützen und uns die wahre Sinnhaftigkeit der erarbeiteten Lösungsvorschläge bewusst machen. Gleichzeitig konnte sich jede Abteilung auf ihr Fachgebiet fokussieren, um zu einem bestmöglichen Ergebnis beizutragen. Eingeschlossen unserer AG, konnten auch die anderen Teilnehmer des Seminars seriöse Forschungsresultate vorweisen.

Für mich persönlich war dieser Forschungsansatz etwas völlig Neues. Ich konnte aber erneut feststellen, zu was Forscher in der Lage sind, wenn sie auf strukturierte und ernsthafte Weise zusammenarbeiten. Weiterhin bin ich der interdisziplinären Vorgehensweise so nah wie noch nie gekommen. Zugegeben, der naturwissenschaftliche Flügel der Veranstaltung fiel mir anfangs etwas schwer, was sich jedoch mit steigendem Wissenszuwachs änderte. Mittlerweile würde ich mich sogar selbst als einen Vertreter dieser Arbeitsweise bezeichnen! Aufgrund der strukturierten Seminarplanung und der motivierten Mitarbeit aller Teilnehmer, möchte ich das Seminar rückblickend als einen vollen Erfolg bezeichnen. Ich bin dazu geneigt noch tiefer in die interdisziplinäre Forschung zu tauchen, um auf künftige Problemfelder reagieren zu können. Meiner Meinung nach sollte diese Methodik auch in anderen Fachbereichen Fuß fassen, was mich an das Ende meiner Ausarbeitung bringt. Zusammenfassend kann man das Seminar als interessanten und attraktiven Erkenntnisreichtum bezeichnen, weshalb ich diese Veranstaltung jedem ans Herz legen möchte, der seinen Forschungshorizont vernunftgemäß erweitern möchte.

# 4. Literaturverzeichnis:


*Artikel*

Anandalekshmi A./ Panicker, S. T./ Adarsh, S./ Muhammed Siddik, A./ Alosysius, S. & Mehjabin, M., 2019: Modeling the concurrent impact of extreme rainfall and reservoir storage on Kerala floods 2018: a Copula approach, in: Model. Earth Syst. Environ vom 26. August 2019, S. 1283-1296.

Brugha, R. & Varvasovsky, Z., 2000: "Stakeholder analysis: a review. Health Policy and Planning"

Chinnasamy, P./ Honap, V. U. & Maske, A. B., 2020: Impact of 2018 Kerala Floods on Soil Erosion: Need for Post-Disaster Soil Management, in: J Indian Soc Remote Sens vom 10. September 2020, S. 1386.

Drissia, T.K./ Jothiprakash, V. & Anitha, A. B., 2018: Statistical classification of streamflow based on flow variability in west flowing rivers of Kerala, India, in: Theor. Appl. Climatol. vom 7. November 2018, S. 4.

Doell, P./ Jimenez, B./ Oki, T./ Arnell, N. W./ Benito, G./ Cogley, J. G./ Jiang, T./ Kundzewicz, Z. W./ Mwakalila, S. & Nishijima, A., 2014: Integrating risks of climate change into water management, in: Journal des Science Hydrologiques vom 12. November 2014, S. 4-13.

Lal, P./ Prakash, A./ Kumar, A./ K. Srivastava, P./ Saikia, P./ Pandey, A.C./ Srivastava, P. & Khan, M.L., 2020: Evaluating the 2018 extreme flood hazard events in Kerala, India, in: Remote Sensing Letters vom 21. Februar 2020, S. 443.

1*:     Reed, M.S./ Graves, A./ Dandy, N./ Posthumus H./ Hubacek, K./ Morris, J./ Prell, C./ Quinn, C.H. & Stringer L.C., 2009: Whos in and why? A typology of stakeholder analysis methods for natural resource management, in: Journal of Environmental Management vom 20. Februar 2009, S. 1933-1949.


*Berichte*

Coase, R.H., 1960: "The problem of social cost", in: Journal of Law and Economics

Löns-Hanna, C., 2020: „Hochwasser Januar, Februar, März 2020 in Hessen", in: Hydrologie in Hessen

Masante, D. et al., 2020: "Drought in Europe – September 2020", in Global Drought Observatory (GDO) of the Copernicus Emergency Management Service (CEMS)

Masante, D. et al., 2021: „Drought in southern Madagascar – January 2021", in: Global Drought Observatory (GDO) of the Copernicus Emergency Management Service (CEMS)


*Internetdokumente*

*:     Climate Data Store Copernicus, 2020: Surface air temperature for August 2020; https://climate.copernicus.eu/surface-air-temperature-august-2020, 21. März 2021.

Hochwasserportal Hessen, 2013: Entstehung von Hochwasser; https://www.hlnug.de/themen/wasser/hochwasser, 09. März 2021.

Integrated Food Security Phase Classification, 2020: Madagascar Grand South and Grand South East; http://www.ipcinfo.org/fileadmin/user_upload/ipcinfo/docs/IPC_Madagascar_AFI_AMN_2020Oct2021April _English_summary.pdf, 17. März 2021.

International Dam Safety Conference, 2018: Instrumental Health Monitoring of dams based on Potential Failure Mode Analysis; https://www.researchgate.net/publication/322952163_Instrumented_Health_Monitoring_of_dams_based_on _Potential_Failure_Mode_Analysis, 11. März 2021.

# BEI GRIN MACHT SICH IHR WISSEN BEZAHLT

- Wir veröffentlichen Ihre Hausarbeit,
  Bachelor- und Masterarbeit

- Ihr eigenes eBook und Buch -
  weltweit in allen wichtigen Shops

- Verdienen Sie an jedem Verkauf

Jetzt bei www.GRIN.com hochladen
und kostenlos publizieren